21世纪高端手绘与艺术设计丛书

手绘·构意

李明同　杨明　著

中国建筑工业出版社

图书在版编目（CIP）数据

手绘·构意/李明同，杨明著. —北京：中国建筑工业
出版社，2013.3
　（21世纪高端手绘与艺术设计丛书）
　ISBN 978-7-112-15149-3

Ⅰ．①手… Ⅱ.①李… ②杨… Ⅲ.①建筑设计—绘画技法
Ⅳ.①TU204

中国版本图书馆CIP数据核字（2013）第031803号

责任编辑：张幼平
责任校对：陈晶晶　赵颖

21世纪高端手绘与艺术设计丛书
手绘·构意
李明同　杨明　著
＊
中国建筑工业出版社出版、发行(北京西郊百万庄)
各地新华书店、建筑书店经销
中新华文广告有限公司制版
北京顺诚彩色印刷有限公司印刷
＊
开本：889×1194毫米　1 / 20　印张：7⅕　字数：200千字
2013年9月第一版　2013年9月第一次印刷
定价：**68.00**元
ISBN 978-7-112-15149-3
（23236）

构　意

　　"构"就是构建、构造、构思，它是指把心里所想的加以编排，使得表达出来的东西更能符合作者内心的想法。"意"为意境。意境是文学艺术作品通过形象描写表现出来的境界和情调，是抒情作品中情景交融、虚实相生的形象及其诱发和开拓的审美想象空间。我们感受的意境来自一切充满艺术气息的事物，它带给我们心灵的震撼和视觉上的愉悦。德国美学家克罗齐说过："艺术家的全部技巧，就是创造引起读者审美再造的刺激物。"艺术家将现实生活中的事物景象与自己的思想感情融合一体创造出自己所体会到的意境，与之有相同情感与体验的人来欣赏艺术作品时就可产生共鸣。

　　在设计手绘中也是如此，好的作品必定会具有它独特的构思立意，这样的作品必定会让人们的心灵产生共振。可是要创作好的作品需要用好的思想去"构"出好的意境，这对手绘者本身的素养就是一极大的考验。古说腹有诗书气自华，思想成熟、感情高超的人，其精神境界也不会低，其构想出的意境也会更为高远。

目录

一、设计构思

设计思想是设计表现图的灵魂，是设计师在设计中所蕴含的设计思想和构思立意，是设计手绘所要表现的根本。无论采用何种表现形式、何种表现方法，手绘作品始终应围绕着设计思想，为设计思想的表现服务。那些一味炫耀表现技巧，不能传递设计思想和设计理念的手绘终究会被淘汰。因此，把握设计的构思与立意，蕴含设计思想的手绘是我们学习手绘表现应该明确的基本原则。

手绘作品不仅仅是设计灵感的记录，同时也是一件艺术品。作者把情感意境"构意"在作品里，将它展现在观者面前的时候，寻求的不仅仅是眼与作品的交流，更是心与心的构意。

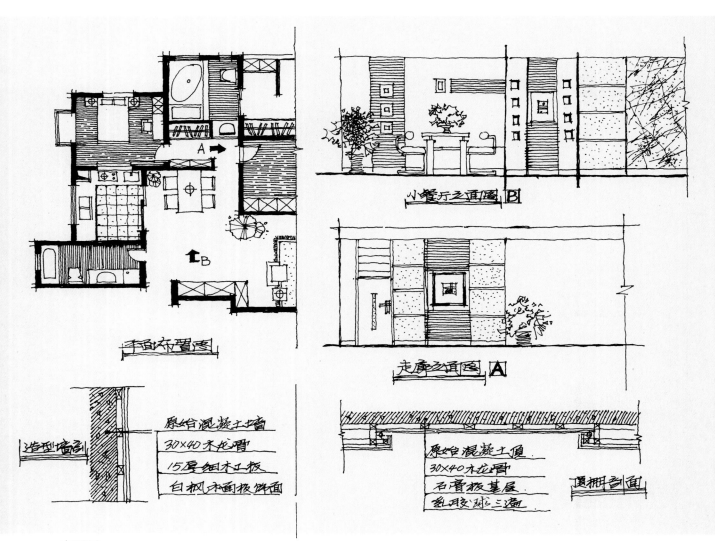

小餐厅之立面图 B

走廊之立面图 A

造型墙剖面 原始混凝土墙
30×40木龙骨
15厚细木工板
白枫木面板饰面

原始混凝土顶 顶棚剖面
30×40木龙骨
石膏板基层
乳胶漆三遍

平面布置图

李明同

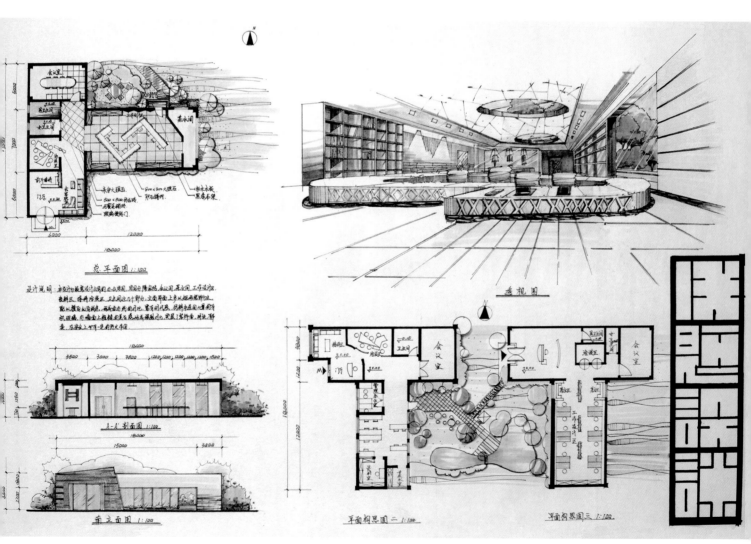

黄静　导师　李明同

李明同

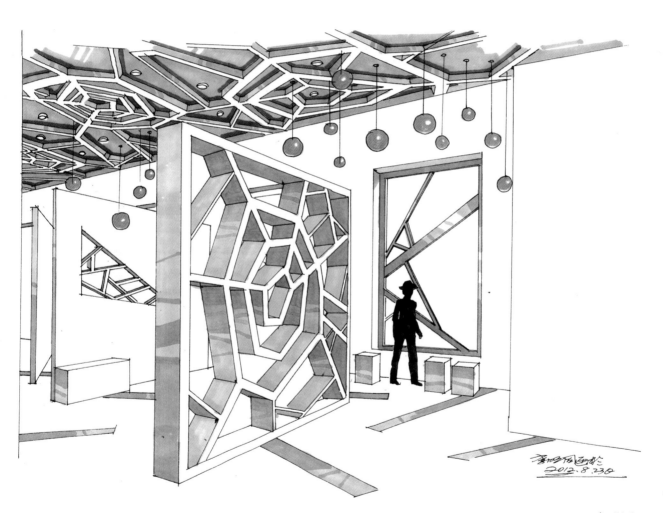

李明同

1. 灵感的记录

搞创作和研究的人都知道，许多伟大的作品、思想、创造、发明和发现，往往来自稍纵即逝的灵感。

灵感来自生活

自然界中万事万物都能给我们情感体验，哪怕是一棵树、一汪清泉、一棵小草都能给人心灵的触动，在人内心产生联想，这种奇妙的联想来自于客体本身的物理形态给视觉形成的刺激并在内心形成的。比如驾车外游时，路两边的树木姿态万千，就会让人不由得想起，这不同姿态的树姿如果画手绘，用线怎样表现，用色怎样着色，作为配景元素放在什么环境合适……这一系列的问题在大脑出现。这种启发式的灵感就有了与常人不同的遐想与思辨，或拍照或大脑记忆储存，停下车或者回到家用画笔快速记录场景中物象形态带来的最初的灵感体验，这就形成了与众不同的手绘作品。俗话说得好，"留心生活素材，记录生活文章"，"好记性不如烂笔头"，对于丰富的观察体验，如果不随时记录下来，时过境迁，往往如隔云雾，即使画出来也很难生动。

李明同

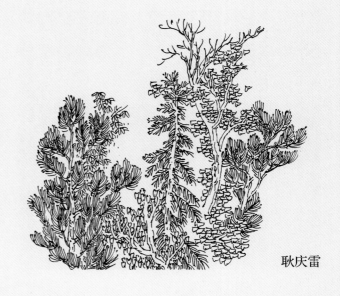

耿庆雷

山西采风

李明同

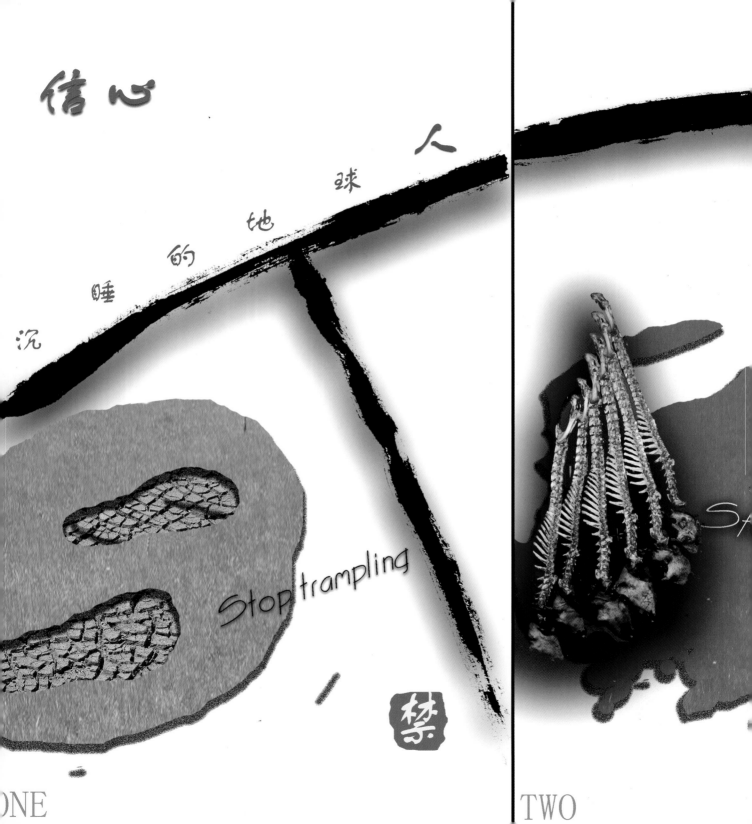

信心

人
球
地
的
睡
沉

Stop trampling

禁

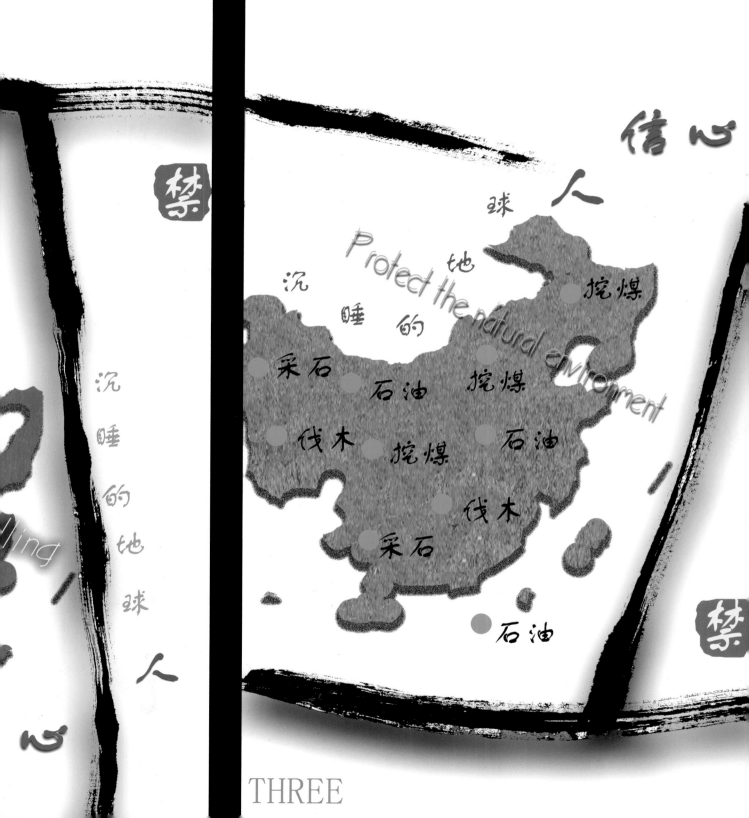

信心

禁

沉睡的地球人
Protect the natural environment

球

地

的

人

挖煤

采石

石油

挖煤

伐木

挖煤

石油

伐木

采石

石油

沉睡的地球人

禁

THREE

前页设计：李明同　杨明

创意主题"信心"，该设计创意的目的是唤醒那些沉睡、愚昧的人，让其知道生态问题的重要性，只要人类有"信心"，并携起手来共同努力，就一定能够战胜困难，保护好我们自己的家园——地球。设计运用夸张、写意的手法，书写了"人"字，这个人字构成了画面的主体框架，苍劲有力的行笔，有写意人生之寓意，意谓书写人生的路不平凡，如果人类无休止地破坏、开采、浪费能源，我们以后的路会更坎坷，但我们有信心努力改善我们的生存环境。

灵感来自阅读

作为师者、画家都免不了要欣赏同行的作品，最初欣赏作品也不只是浏览，要用心看，用心想，用心捉摸，瞬间的画面能给我们教育和启迪，甚至能改变我们对某一事物表现的最初观念。一幅幅难忘的画面、一个个人物形象或风景场面，灵感都是来自欣赏作品过程中对作品的思考与捉摸。灵感取决于思考的境界，今天所想决定明天所长，周边的事物都是学习的对象，所处的境界思考完全决定你的灵感来源，知识的多样性决定灵感的厚度。所以，灵感来自内心深处所积累的碰撞过程。

李明同

李明同

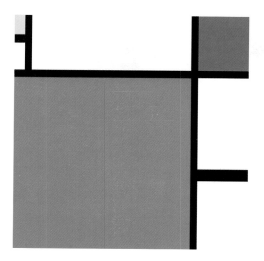

蒙德里安作品

KDJFHJDHB H F HD OIJHFE

　　这个过程免不了要与其交流经验，免不了要总结概括，免不了思考分析自个儿的不足。在这个时刻还要注意总结经验，无论是别人的经验，还是自个儿的经验，凡是好的经验就要迅疾借鉴，为手绘创作做好知识经验的贮备，当然不好的经验肯定是要摒弃的。正如佩姬·赖思克所说，作品来自于你知道的东西，你所思考的东西，你所想象的东西，而灵感来自于你的信息储备。

张芸作品

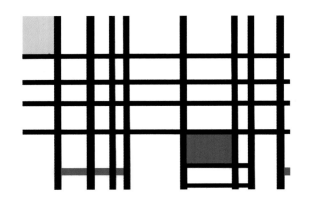

　　例如，下面几幅设计作品灵感来源于阅读作品后引发的思考和启迪，是作者的思想与阅读蒙德里安作品的经验的碰撞，是作者的阅读经验的积累，是作品灵感来源的所在。

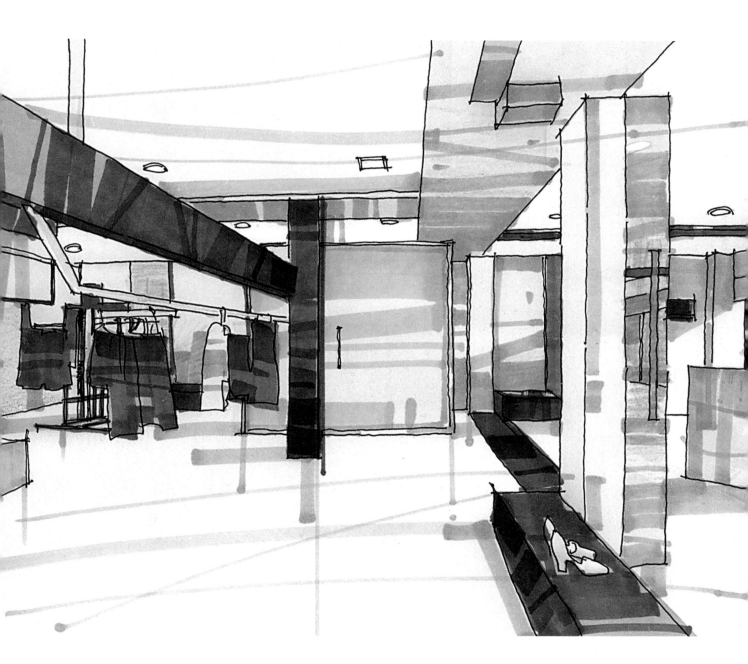

李明同绘

灵感来自培养

　　有时人一无道理地就有一个好的灵感，这实际上每个人都会有的，这或许算作是一种天授。这个赠礼一定不要浪费了，要好好享受。做设计或者外出采风写生时，好多学生不知道从哪儿着手画，画什么，怎样画，这就说明这些学生对设计命题和写生场景不来电，或者说缺少激情和灵感。为何会显露出来这种状况呢？归根结底就是平时没有重视对灵感的培育。

泰山　公园写生

　　我们是不是非得要有灵感，才能画好手绘？当然不是，创作更多的是有赖于实践，如果你要到有了灵感才动笔，你会画得极少。灵感的火花可以从实践中获得，实践中要锻炼自己的意志，多观察、想象、联想，以拓宽自己的思维空间，培养自己作画时同中求异的能力。要善于抓住事物的主要特征描绘，如自然景物的位置、内容、构成、色彩、质地、姿态、轮廓以及景物自身的关联。设计要注意细部以及空间序列的表现，要有重点的刻画，要有高潮，要体会受众与设计者的情感共鸣，要设计自己的情感，要画出真经历、真感受、真体验，只有是自己的，才是个性的，做到"人无我有，我有我新"，这样的作品必然也会感动人。

　　我在教学过程中经常用激发想象力的模式来激励学生寻找灵感。我带的学生创作经常是大胆的、个性的、另类的、奇特的或怪诞的。这样的作品水平高低在这里尚且不谈，但可以说明一点就是学生思路打开，学生把自己个性的东西表现出来，表现出他们的真感受、真经历、真体验。所以对于灵感的培养要解放人的精神和心灵，让创作主体潜在的想象力、创造力和表现力尽情地释放出来。

李明同

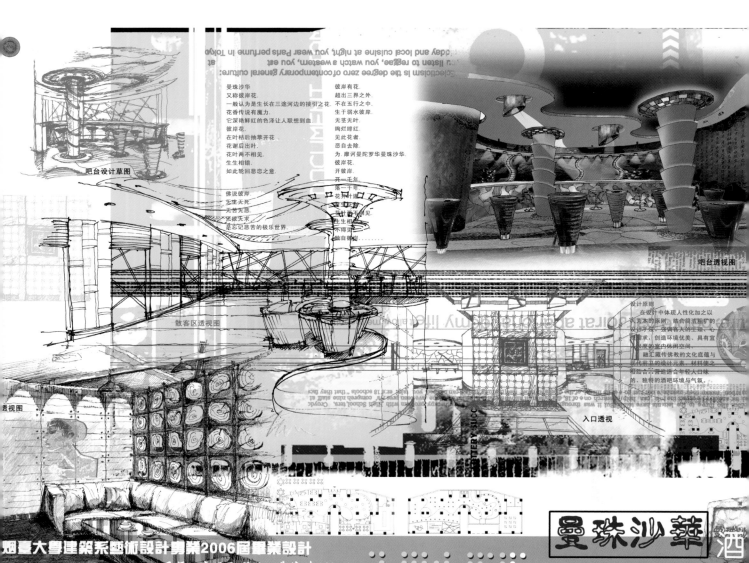

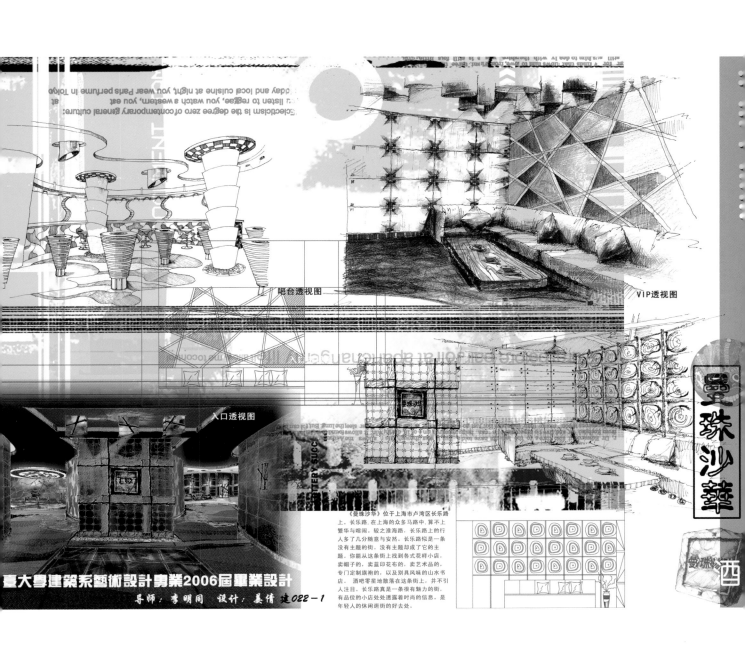

吧台透视图

VIP透视图

入口透视图

《曼珠沙华》位于上海市卢湾区长乐路上。长乐路，在上海的众多马路中，算不上繁华与喧闹，较之淮海路，长乐路上的行人多了几分随意与安然。长乐路似是一条没有主题的街，没有主题却成了它的主题。你能从这条街中找到各式花样小店，卖帽子的、卖蓝印花布的，卖艺术品的、专门定制旗袍的，以及别具风味的山水书店。酒吧零星地散落在这条街上，并不引人注目。长乐路真是一条很有魅力的街，有品位的小店处处透露着时尚的信息，是年轻人的休闲逛街的好去处。

曼珠沙华

同大学建筑系藝術設計專業2006屆畢業設計

导师：李明同　设计：姜倩　建022-1

2. 构思的推敲

　　"推敲的故事" 启示人们写诗、作词要善于
斟酌字句，精妙绝伦的文本构思，妙笔生花的词语
句段，细细品味推敲，无不发人深思。设计方案，
倘若因地制宜，细心推敲，反复锤炼论证，做到学
以致用，在感悟中积累表达，一定会唤醒设计师的
创作热情，带来创作的灵感。

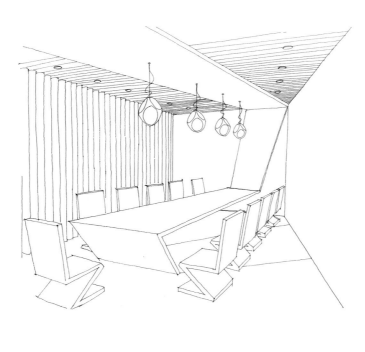

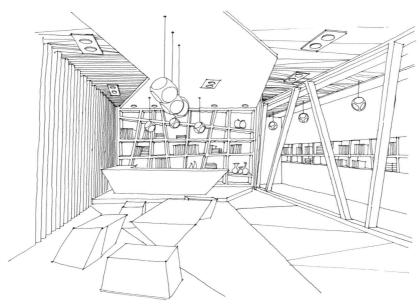

设计师在做方案的时候，通常要对方案主题了如指掌，然后经过丰富的联想、假设、借鉴、对比，将大脑主观意象的画面通过线条、符号、图形用徒手速写的形式呈现在稿纸上，并不断进行推敲、修改、完善，使设计理念与创新思维相结合，运用干脆流畅、疏密有致、生动优美的线条记录自己随时进发的设计灵感。

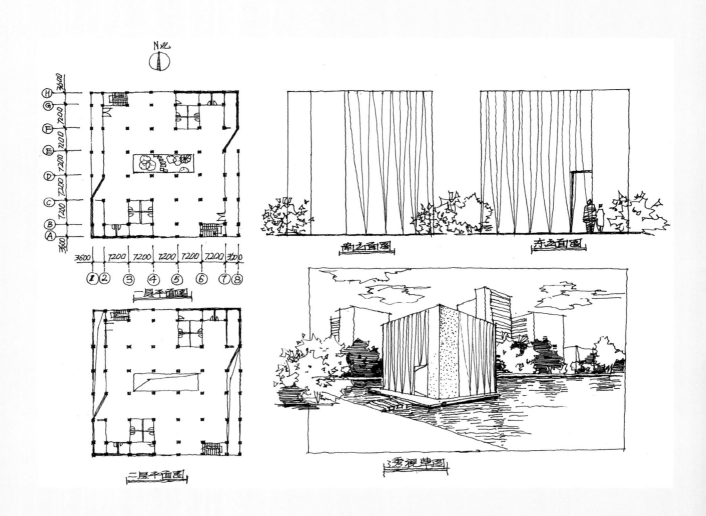

李明同

　　构思手绘是设计师表达设计创意、推敲构思的主要手段，为收集素材积累形象，并不要求每一幅草图都是一幅出色的艺术作品，只要求它能准确、快速、合理地记录设计构思，最后通过不断的提炼组合最终完成设计方案。无论是建筑学、景观设计还是室内设计专业的，在以后的设计工作中，都免不了进行大量的构思手绘。它是设计师快速、直观表达设计思想的必不可少的工具。

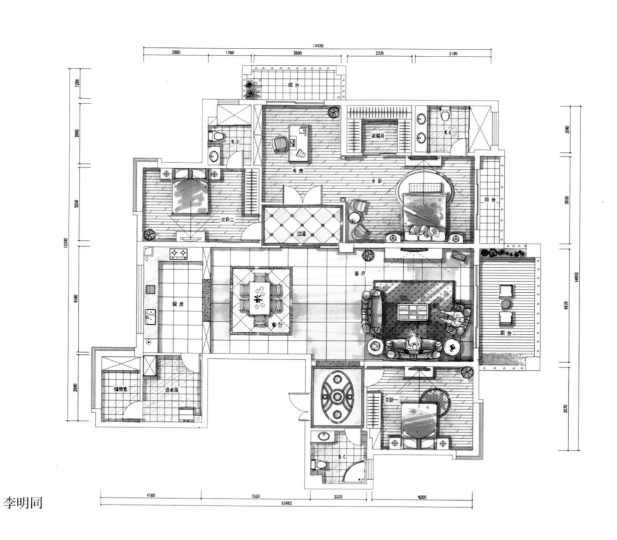

李明同

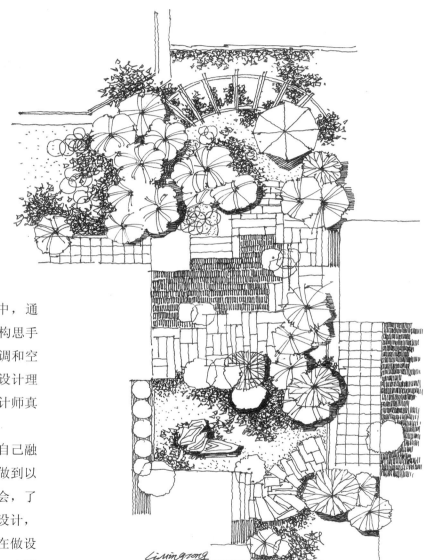

在设计表现手绘实施的过程中，通常要充分运用构思速写手绘，虽然构思手绘的画面形式相对简洁，但并非单调和空洞，一幅构思手绘，就是一幅作者设计理念与思想感情的心理速写，它是设计师真情实意的流露。

一个成功的设计师，首先是让自己融入生活，从日常生活中攫取灵感，做到以人为本，设计为生活，了解时代社会，了解人们的心理活动。做最人性化的设计，才能打动人心，得到别人的认同。在做设计构思时，融入人性的真、善、美，才能够传情达意，才能够为后期的设计成品作最好的铺垫。

李明同

3. 意味的体现

　　做设计是认识的过程，坚守的过程，做设计绝对是痛并快乐的综合体，体会过程的艰辛，体会成果的乐趣，都是一种心理态度，这样滋味需要回顾和慢慢品尝。

　　在设计表现中，意味的体现主要是设计主体通过对设计构思进行推敲，反复提炼、分化、解析，用手绘的形式把设计内容清晰完美地表现出来，形成一个简明的图形，一个有"意味"的形式，给观者心理上带来一种轻松感，一种自由感，以此来深化和突出设计传达出的信息内容，使设计作品"陌生化"，从而引起受众的情感共鸣。

耿庆雷

李明同

李明同

耿庆雷

黄静　导师：李明同

换言之，表现手绘也是设计意味的体现，是设计师将设计意念传达给观众的一种形象语言。表现手绘是在完成设计构思以后，通过平、立、剖、三维透视图等形式将设计构思转移为直观、准确、清晰、完整的设计方案。这是每一个设计师都必须掌握的基本技能，是用于沟通与交流的手段。任何一个优秀设计离不开前期的设计草图绘制和严谨的施工制图，设计图形的表现能直观清晰地传达设计师的设计思想，也能间接准确地传达设计的动态趋向与设计的精神，它也是设计成败的关键所在。古今中外卓越的建筑大师都能够通过这种严谨的表现手绘的形式，将自己丰富的情感用规范的图纸表达出来，赋予建筑手绘图以生命，展现建筑实体的运动和气势。

我们知道古代埃及人创造了一流的建筑艺术和装饰艺术，那个时候他们就会用正投影的方法绘制建筑物的总平面图、立面图、剖面图，创造了许多如金字塔、宫殿、庙宇、方尖碑等巨大沉重的建筑，给人以震慑人心的精神力量，这都是表现手绘所传达出的视觉信息。

与其说表现手绘是构思手绘的进一步深化，不如说是设计意味的最完美体现。在构思手绘的基础上再进一步推敲、研究，最终确定方案的基本构思，然后再运用表现手绘的形式进行具体的、理性的、规范的、严谨的绘制，使一个方案清晰、准确、完整地表现在绘图纸上，这个图纸上表现的完形，是不能凭借一幅优秀完整的构思手绘就能完成

李明同

的。所以在完成主体的构思前提下，根据需要进行
一些修正、完善和添加，可起到丰富设计主题的作
用，使表现更加完整、生动。

二、设计"力构"

　　阿恩海姆在其《走向艺术的心理学》一书谈到，艺术作品的张力，是建立在客体作品的组织结构和主体知觉规律的基础上，这种"力构"存在于任一观察者的经验之中，而且这种"力构"所感知的强度会随着位置的变化而变化，由此，格式塔心理学家们就将这种"力构"称为"心理力"。艺术作品造型式样要产生某种动势，就必须创造一种非稳定、多方向的"力"的结构式样，而这种"力构"则可以通过造型元素的平衡、倾斜、形变、频闪和混杂等多种因素来取得。

1. 平衡力构

　　宇宙万物，都是按照一定的自然规律进行运作从而达到一种平衡状态的。日月星辰的变化、生物链的循环、有生命物体的繁衍生息，最终形成一种平衡。爱因斯坦曾说过："宇宙本身就是和谐的"，这种和谐就是人类心理追求美的根源所在。

　　阿恩海姆在《艺术与视知觉》中谈到，在艺术作品中，组成它的所有要素的分布必须达到一种平衡状态。在物理上的平衡，就是两个大小相等、方向相反的作用力的均衡。在视觉艺术中，只有当外物的刺激使大脑视皮层中的生理力的分布达到可以相互抵消的状态时，眼睛才能体验到平衡。如建筑作为一种知觉式样，组成它的所有要素的分布必须达到一种力的平衡。建筑造型力的平衡主要体现在建筑内部各构件之间力的相互作用，当这种相互作用力达到视觉平衡时，建筑才能给人安全感。建筑造型的均衡又分为形的对称均衡和形的不对称均衡，前者较传统、严谨，

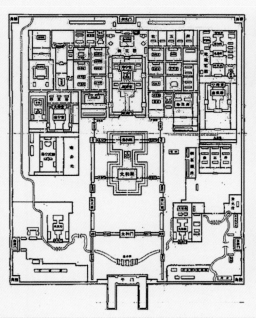
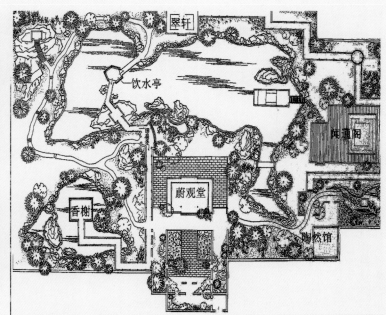

给人庄严肃穆的感觉，后者较现代、灵活，给人轻巧活泼的感觉。建筑造型究竟采取哪一种形式的均衡，则要根据建筑功能、性格特征及地形环境等因

素综合而谈。如下图所示，长方形被线段分成两个对称形，产生安定均衡感，属于对称均衡；右图由大小、比例、方向各不相同的方形所结合，看上去充满无限的生命力和运动感，而部分与部分之间结合得如此稳定合理，以致每一个部分都各得其所、不可缺少并不可改动，产生一种灵活自由的运动感，视觉心理上达到力的平衡，属于不对称均衡。

由此可见，从"力的结构"的角度来看，对称均衡是形的对称、力的平衡，图形一般都呈现出规则、对称的形态。对称形的平衡力可以产生一种稳定、静止、端庄的张力感。不对称均衡是力的平衡、形的不对称，图形一般都呈现出大小、疏密、张弛、强弱、聚散、运动等多层次结构形式。不对称形的平衡力可以产生灵活自由的、节奏与韵律的张力感。

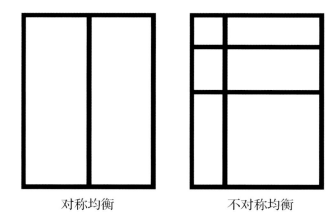

对称均衡   不对称均衡

现代设计中，运用这个道理，可使建筑的造型式样通过力的平衡方法给人以全新的视觉感受。如风格派的核心人物蒙德里安，其绘画作品就是典型的运用直线条与原色进行组织建构的，形成不对称形的平衡力的"力的结构"，作品产生了灵活自由的运动张力倾向。受蒙德里安的启发，建筑师里特维尔把这种直线条的建构组合形式运用到他的建筑设计上，使其建筑简洁中蕴涵着宁静，纯粹中蕴涵着浪漫，从而赋予建筑以精神的力量。他设计的建筑施罗德住宅就是运用直线这种横平竖直的结构形式构成了不匀称形的力的式样，给人以自由、灵活的张力感。

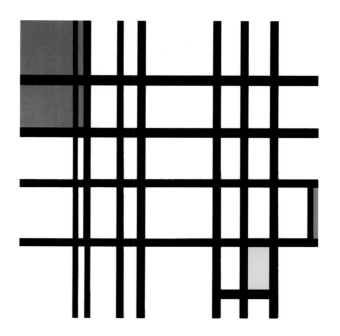

耿庆雷

耿庆雷

2. 倾斜力构

　　"如果想使某种式样包含倾向性张力，最有效、最基本的手段就是使它定向倾斜。倾斜是指被眼睛自觉地知觉为从垂直和水平等基本空间定向上的偏离，这种偏离会在一种正常位置和一种偏离了基本空间定向的位置之间造成一种紧张力，使偏离了正常位置的物体，看上去似乎是要努力回到正常位置上的静止状态。格式塔心理学家认为，人类一旦掌握了绘制倾斜定向的技巧，就等于掌握了区别静止和运动的技巧。"在空间设计中将围合界面设计为倾斜状态，这样迫使空间产生倾斜的动式张力。如一个人快速奔跑的结构式样，就比一个人正常行走的结构式样显示的动势张力大。因为正常行走迈开的步伐通常被认为是处于正常位置，而奔跑起来的步伐通常被看作是行走步伐的正常位置的更大偏离。倾斜是否能产生张力的效果，最主要的是要看物体偏离那个较为稳定的空间定向的程度。举例说，现代建筑造型中，设计师往往就是通过使建筑整体或建筑某一局部发生倾斜，引起主体大脑皮质的强烈刺激，从而产生一种视觉力构。

鸟巢——国家体育场

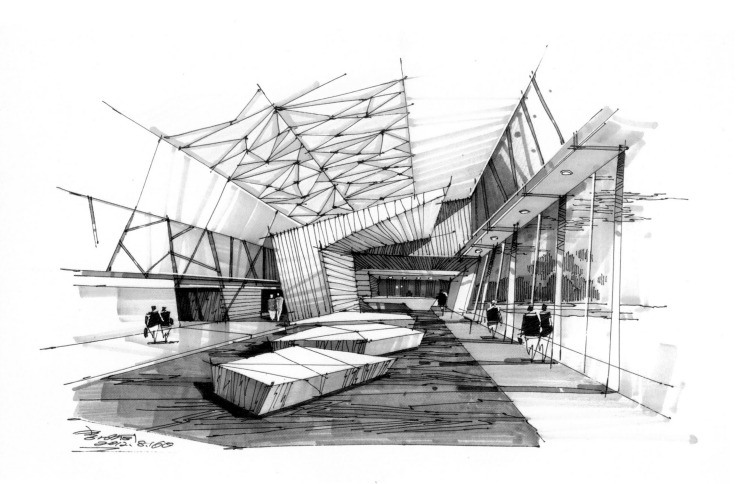

3. 变异力构

　　由物体倾斜所产生的是具有倾向性的张力，因
为倾斜总是被知觉为偏离了正常的位置，实际上，
偏离也包含着形状的变异，即形变。形变是指物体
的形状被拉伸、挤压和扭曲使其形状发生改变而偏
离原来正常的状态。形变所产生的"力"是由于造
型元素本身的形状发生改变时而形成的一种倾向性
的动势，例如，在建筑空间设计中往往运用造型元
素的拉伸、挤压和扭曲来使建筑整体或局部发生变
化，得到一种视觉力构。如洛杉矶迪士尼音乐厅，
建筑物正面由简单的、扭曲的、变形的几何形体构
成，中央突出的几个扭曲形变的体块是视觉中心，
它把一些分离的几何变体融合到一个统一的完形整
体之中，半柔和之后，建筑的造型式样更具有推
拉、扩张、收缩的视觉冲击力，显示出一种指向受
众者的运动倾向。

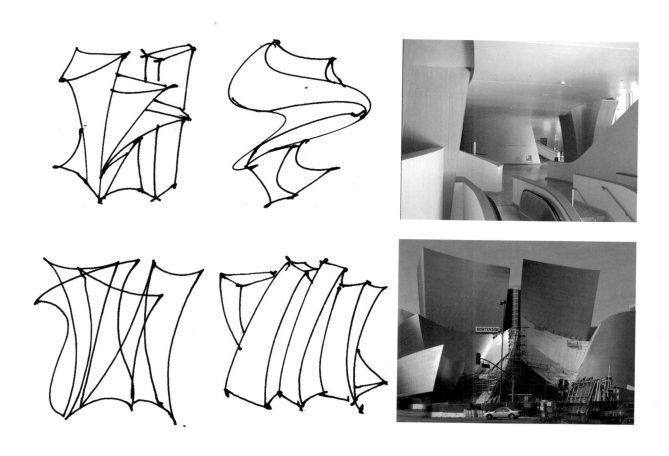

　　建筑式样的这种前倾与后曲的运动倾向之所以表现出如此震撼力，乃是由建筑物的简单形体的横向与纵向的拉长、扭曲和收缩造成的。

4. 频闪力构

　　"强烈的运动效果还可以从那些造成频闪运动的静止式样中产生出来，我们知道，能够造成频闪动势的条件是在整个视域中，各个视觉对象的相貌和功能基本上是一致的，但它们的某些知觉特征——位置、大小或形状又不一定要相同，在适当的条件下，这些集合体还能产生出一种同时性的运动效果。"例如，坐在高速行驶的车里，看窗外两侧的树木、路灯，会产生频闪效应，形成一系列的运动轨迹而获得视觉张力。

一般情况下，艺术家都是通过同一物体的具有某种方向性的重复而使主体能从中体验到一种敏锐性逐渐增强的趋势，从而产生频闪运动。这种式样的相似性和重复变化的连续性所形成的是一个完形式样的知觉整体。换言之，这一知觉整体的运动感，是由单个式样的重复与连续变化而得以加强。如图所示，一条垂直线的重复出现会给人以频闪运动感；一条逐渐变化的直线与倾斜线也会给人以频闪运动感；一个正方形朝着一个方向的重复位移同样会给人以频闪运动感。这种无论是重复、逆反还是位移所产生的运动效果都是由于形的频闪所引起的。那么在造型艺术中通过造型元素的频闪出现，来获得动态造型的创造手法，也就不难理解了。例如建筑立面上的窗户有序的重复位移产生频闪的张力感，重复的建筑柱式的向心点汇聚产生频闪的张力感，逐渐升高的建筑楼层产生向上的频闪动势给人以张力感，重复位移的建筑构件的有机组合产生频闪给人以张力感。这些例子说明，频闪的力构形式会造成一种更巨大、更形象、更永恒的视觉式样，从而引起受众在视觉上的震撼。

李明同

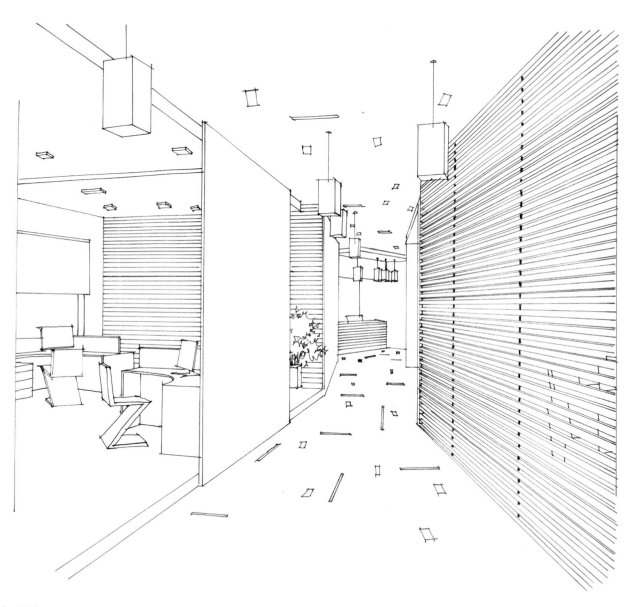

李明同

057

李明同

5. 混杂力构

　　造型式样中的力构还可以通过形的混杂表现出来。混杂就是混乱、错综复杂、杂乱无秩序，是一种形态自由夸张和结构冲突错落，是对既定权威、秩序及理性原则的反叛。它表现的是"错乱"、"混杂"、"多向"，是在轻松愉快的状态下的随意、交织与重叠，是一种近乎夸张、迷幻的艺术表现形式。这种表现形式经常用于视觉艺术创作中，视觉艺术设计作品通过混杂的夸张与变化，极大地渲染了作品的情趣性。在设计中，富于想象地运用这些原理进行构思创意，可以提高视觉艺术作品"力"的表现性，以达到强化视觉吸引的效果，从而使视觉艺术式样更具张力感。

陆相春　导师　李明同

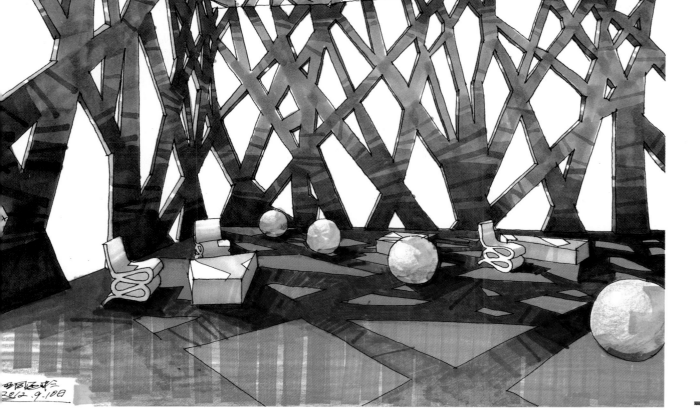

李明同

文丘里在《建筑的复杂性和矛盾性》中写道："我喜欢建筑要素的混杂，而不要'纯净'；宁愿一锅煮而不要清爽的。宁要歪曲变形的，而不要'直截了当'的；宁要暧昧不定，而不要条理分明、刚愎、无人性、枯燥和所谓的'有趣'。我宁愿要世代相传的东西，也不要'经过设计'的。要随和包容，不要排他性，宁可丰盛过度，也不要简单化、发育不全和维新派头。宁要自相矛盾、模棱两可，也不要直率和一目了然。我赞赏凌乱而有生气甚于明确统一。"这段文字充分表达了他的设计理念，即认为建筑应有主观意象的发挥，建筑具有丰富的审美性。

　　如彼得·德文森设计的墨尔本联邦广场，在建筑造型设计上极具挑战性和混杂意味，可以用诡异奇特来形容，不规则的建筑造型与不平行的结构形式，好像是随便搭建的积木模型，把一些结构元素符号随机地、断章取义地拼贴在一起，形成一个扑朔迷离的混杂性的空间。从空间纵横交错、形态自由夸张的网格状结构中，我们能够体会到设计师所要表达的东西，是它给予建筑以生命力，这个生命力不是纯粹模仿自然事物，而是那种具有生命力的结构。设计师在空间设计上运用混杂形式，打乱了

空间的压迫感，在视觉上给人以力的动态、力的节
奏、力的交织与韵律，从而形成了一种富有生命力
的视觉式样，表现出极端的颠覆常规美学的姿态，
疯狂、粗野与混杂并存。

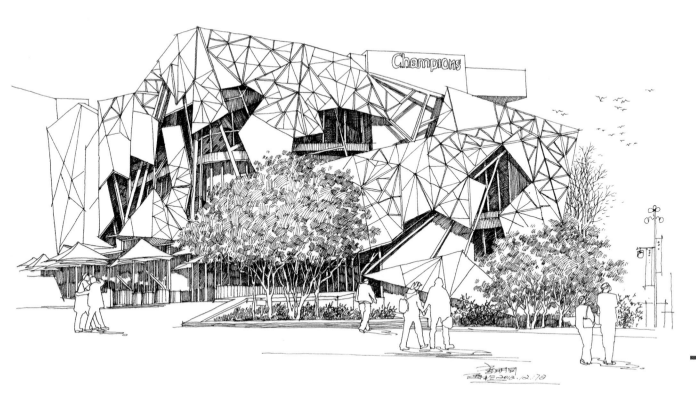

　　混杂表现在视觉艺术造型中的这种怪异、迷乱、新奇的表现性是存在的，尽管现实生活中这种造型被认为是荒诞的，然而我们的视觉还是乐于接受这种合情不合理的视觉艺术力构。

李明同

　　综上所述，我认为掌握这些力构形式对于造型艺术设计至关重要。它能够指导我们的设计实践。手绘表现不应仅停留在技法娴熟的层面，更多应是设计层面的提高，是设计艺术作品最终"力构"的表现。

三、构意的表现

　　构意的表现是造型艺术设计的媒介，是造型艺术的平面视觉体验，既能直观清晰地传达设计师的设计思想，又能间接准确地传达设计的灵魂。设计手绘之所以能够准确传达艺术形态与作品灵魂是因为手绘表现是构意的表现，是一个具有力的结构的完形视觉式样。如一个成功的建筑来自它的构意图形，它不仅体现了建筑的实用功能，也在视觉上传达了一定的精神功能。

　　在工程设计中，构意的平面图、立面图、剖面图是方案设计与施工图设计中最重要的图例，它客观地再现了设计师的设计理念，同时也是设计师与他人进行设计交流、设计构思推敲的形象化语言。构意图形是否具有力的表现是工程成败的关键所在，古今中外卓越的建筑大师都能够通过这种严谨的构意图形，将自己丰富的情感表达出来，赋予建筑以生命，展现建筑实体的运动气势，

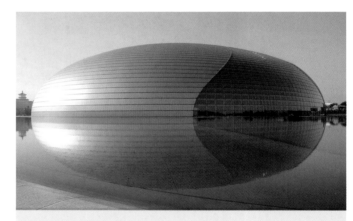

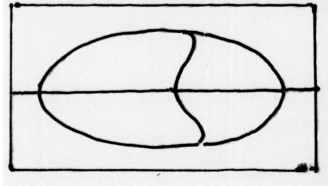

李明同

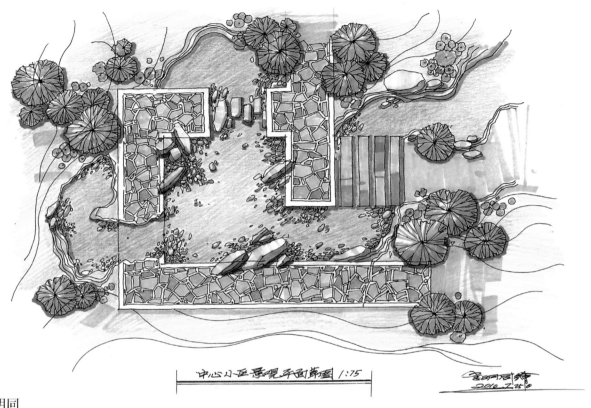

中心小区景观平面草图 1:75

李明同

使建筑更具情感张力。

设计师在拿到工程项目任务书时，首先要对项目进行实地考察与调研，对项目进行论证分析，最后做出总体的创意策划。接下来进行工程的草图设计，这里的草图设计最初都是靠手绘表现，方案经推敲决定后再改为电脑制图。常见的图纸有平面功能分析图、道路交通分析图、景点布置分析图、地下管道分析图、景观竖向分析图、立面分析图、剖面分析图、节点分析图等等。这些图蕴涵着设计师对自然环境与人工环境科学性的技术分析，也是设计方向工程甲方与规划部门方案汇报所必备的工程图纸。

Liuingrong

李明同

1. 构意平面表现

构意的平面表现是平面功能布局的展示，它是
将空间所有构件进行有条理的划分组合。各构件之
间并不是机械相加，而是根据实况进行大小比例、
疏密关系的有机结合，构意的平面表现是空间设计屹
立起来的基础。阿恩海姆在《建筑形式的视觉动力》
一书中这样说："建筑的真正本质应该由平面图来揭
示，即一旦建筑物被矗立在那里，任何人都不能看到
它的全貌。只有当它被破坏、被烧光或被考古学家揭
示它的基础时，才能从直升机上看到它的全貌。但是
当我们穿过完整无损的建筑物，它的平面图就被知觉
所曲解并被分成一些部分，整体式样的共时性被一系
列景物所取代。但是几乎不可避免，我们确实在头脑
中努力从我们接受的分散景色中重构整个建筑物的平
面图。"由此可见，构意的建筑平面表现并不是杂乱
无章的，而是一个条理明晰、布局科学的空间组合
体，这种空间组合体实际上不仅体现了建筑的功能需
要，而且满足了主体视觉的情感。

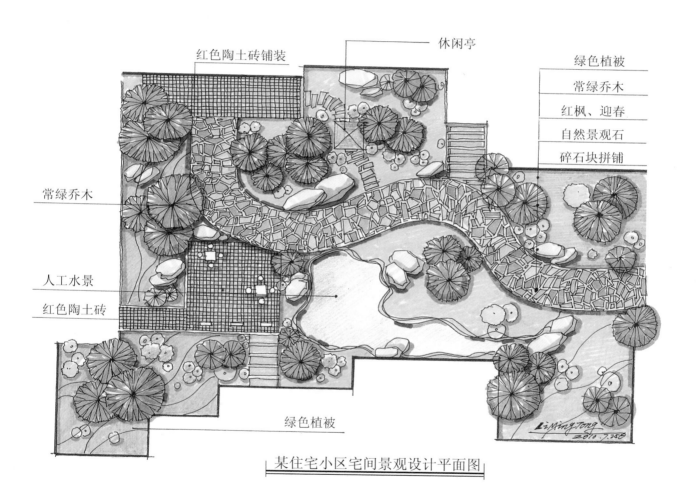

红色陶土砖铺装　　　休闲亭

绿色植被

常绿乔木

红枫、迎春

自然景观石

碎石块拼铺

常绿乔木

人工水景

红色陶土砖

绿色植被

某住宅小区宅间景观设计平面图

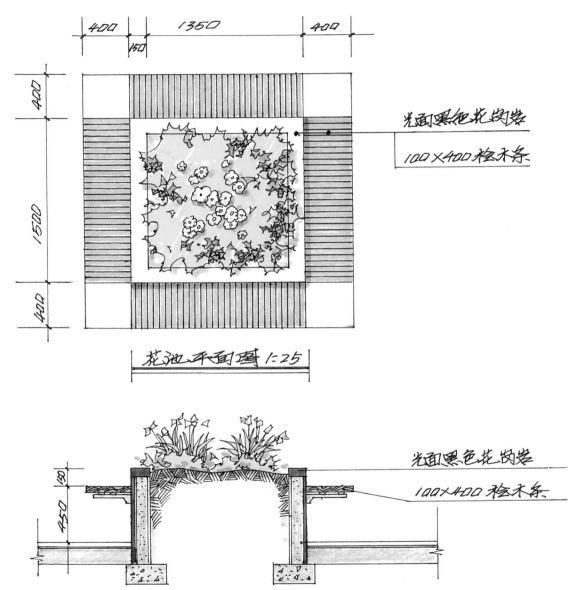

400　　1350　　400

150

400

1500

400

光面黑色花岗岩

100×400 松木条

花池平面图 1:25

150

450

光面黑色花岗岩

100×400 松木条

李明同

平面图反映了不同的功能分区，以及各分区之间的合理关系。如住宅小区中地下停车场的入口与小区主干道的关系，与地上临时停车位的关系，与步行漫步道的关系，与建筑住宅入口的关系，与小区公共绿地、休闲广场的关系等，作为一个整体的交通流线系统，都应该充分考虑、合理布置。如景观设计的平面图通常都着色，用颜色或图例来区分景观平面内的设计对象，如广场、建筑、道路、绿地、树木、假山、水系、花卉、室外家具等，给人以直观的认识。建筑规划，室内设计都是如此。

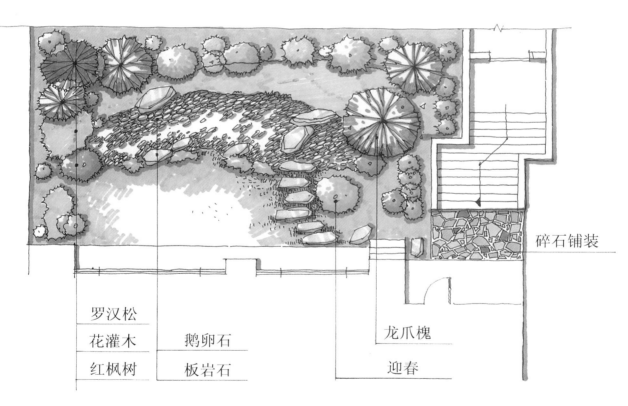

罗汉松

花灌木　　鹅卵石

红枫树　　板岩石

龙爪槐

迎春

碎石铺装

小庭院景观平面草案

李明同

2. 构意立面表现

　　构意的立面表现是最能够反映空间设计的功能和类型特征的，它是设计师根据造型设计中的美学原则和构意对象的内容、精神展现出来的立面外形，是主体感知的第一视觉印象，也是体现设计师设计水平的一个重要因素。从构意立面表现中，我们不仅能够感受到构意造型自身结构的表现性和倾向性视觉张力，还能从整体上体会到构意造型的综合性视觉张力。

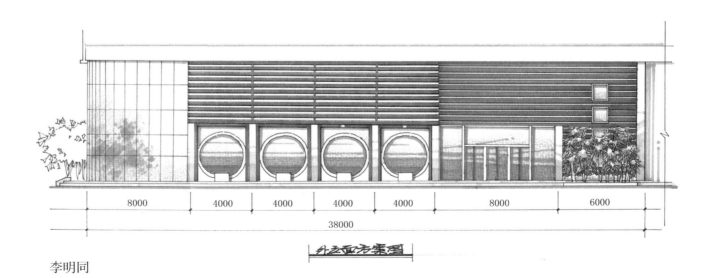

李明同

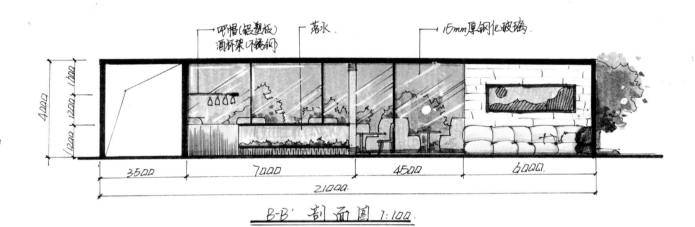

吊帽(铝塑板)   落水   15mm厚钢化玻璃
酒杯架(不锈钢)

B-B' 剖面图 1:100

4000   1700 1200 1200

3500   7000   4500   6000
21000

白色乳波璃   12mm厚钢化玻璃(透明)   戏黄色马来森   12mm中水发玻璃中夹板
                                    40×60清水实木线条   内藏灯管(反光灯带)
                                    米黄色硬包

4000   1500 1800 700

3000   3000   11500   3500
21000

A 立面图 1:100

黄静　导师 李明同

李明同

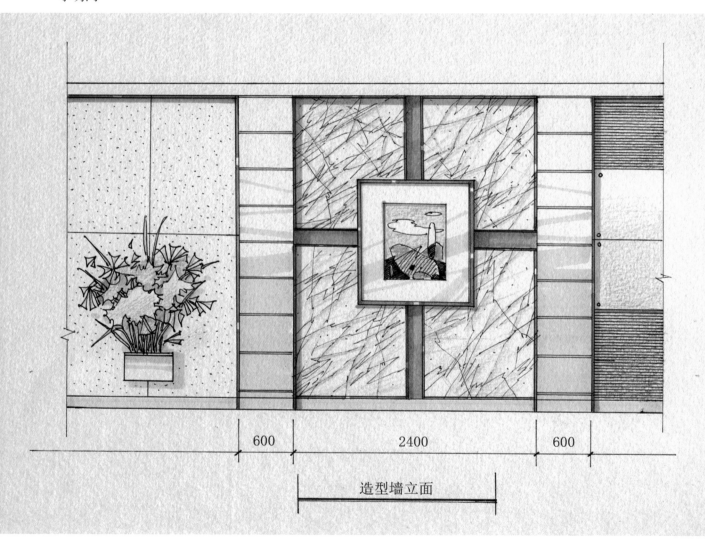

600 2400 600

造型墙立面

李明同

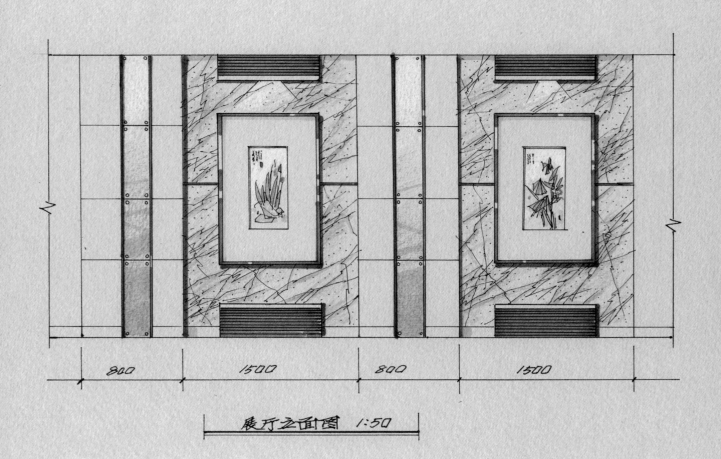

800   1500   800   1500

展厅立面图 1:50

2400

600

800 4000 800 400

花架立面大样图 1：25

李明同

3000　　　3000　　　3000

围墙立面大样图　1：50

Liming Tong 绘
2010.7.258

李明同

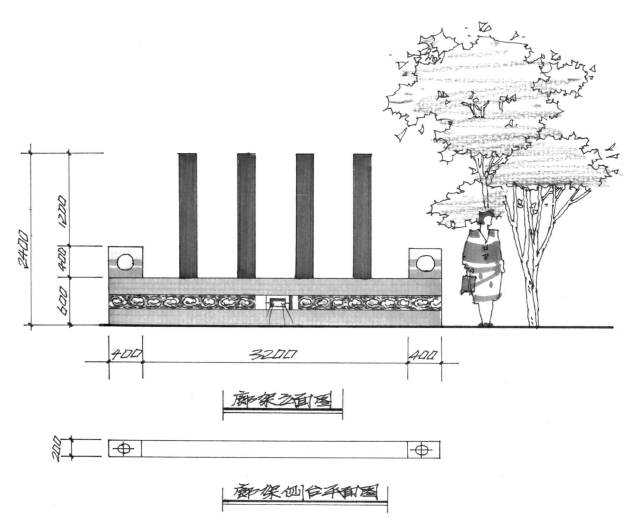

廊架立面图

廊架侧台平面图

李明同

立面图是在平面图的基础上作垂直方向的拉伸，它能够体现景观场景的高度变化，在视觉上形成运动趋势，再现设计对象造型的具体结构，如建筑的立面风格式样，建筑外墙的材质、色彩，玻璃的颜色，门窗的形状大小，建筑墙面与窗户的比例，等等。绘制立面图时要注意对象结构的空间前后关系，可以通过投影或图形的线型粗细来区分（这些内容知识点在工程制图与识图里面都作了详细的讲述）。徒手画立面草图时可以适当画一些周围的配景，来渲染主题场景的气氛，也可以对立面草图进行渲染着色，把设计对象的材质、色彩标示出来，使立面图更直观逼真。

李明同

3. 构意剖面表现

　　构意的剖面表现与平、立面一样，都是构意的视觉式样，平面表现是空间的规划展示，立面表现是外观表皮的概括总结，剖面表现则是空间被切开后的平、立面形象。它们统一为工程设计服务，是反映空间内部某一个面的视觉式样。构意的剖面表现同样也是视觉上的"力构"，表现出空间内部构造形态与详细的断面结构，为工程施工提供了详细的数学化与图式化的图形式样。

　　剖面图是工程图例中必不可少的图例，它把设计对象的内部结构关系详尽表现出来，展示内部构造关系，以便于施工。剖面图是在设计时假想用剖切平面在适当的位置将物体剖开，然后把剖切平面之间的部分移去，让观察者正视剖切断面，按照正投影画法绘制出断面视图。为了能够清楚地表达物体内部不可见部分的真实构造，通常把剖切到的断面轮廓线画得粗些，若图形简单或者比例较小时，可采用同一宽度的粗实线，为使图样清晰，在剖面图中一般不画表示看不见部分的虚线。建筑空间

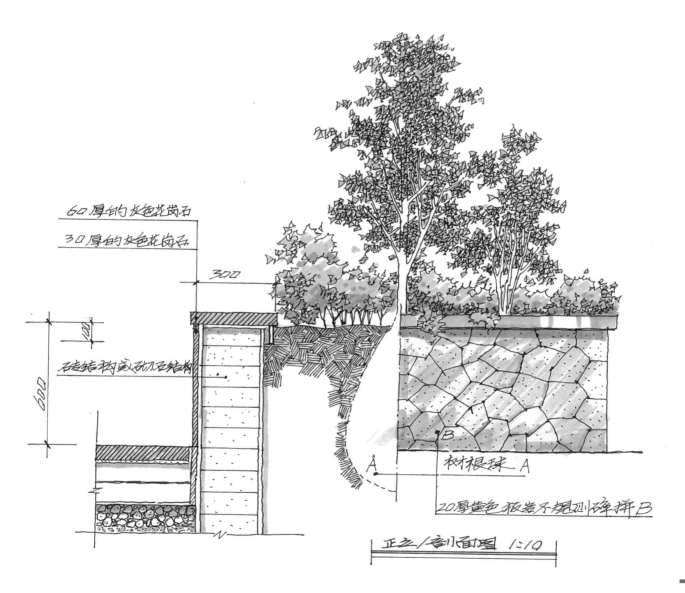

60厚的灰色花岗石

30厚的灰色花岗石

300

石走结构或砼几石结构

600

树根球 A

20厚黄色板岩不规则碎拼B

正立/竞剖面图 1:10

李明同

造型设计是这样要求，景观设计造型也必须通过对物体进行剖切分析，画出剖面详图。如景观道路铺装的剖面图，蓄水池、喷泉的施工剖面图等。平面图、立面图、剖面图一般都采用相同的比例。

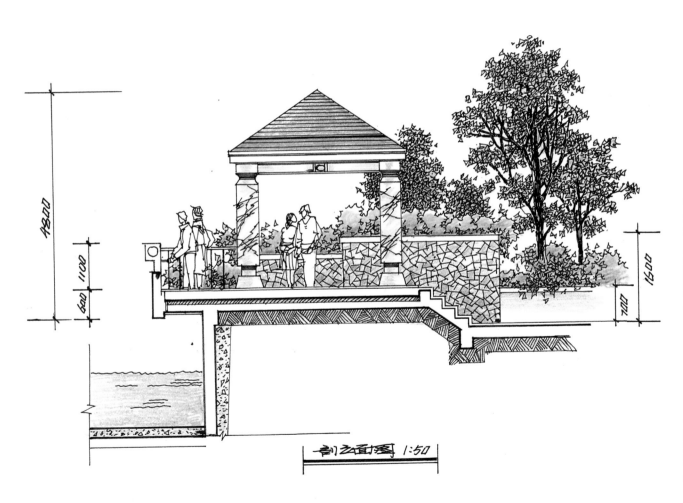

剖立面图 1:50

李明同

四、构意的主题

1. 空间主题及主题定位

在中国经济蓬勃发展的今天，室内设计专业领域在快速发生变化，涌现了许多非常有自我特色的设计新锐，他们重新界定了多元化专业领域的视觉审美，以增强专业理念的多样性和时代特性。"主题式"设计理念因应时代发展的需求，力求为空间设计创造富有艺术、商业、生活体验的价值。主题式是充分发挥自我认知、认识、认可的文化思想定义以及开启设计灵感线索的依据，它追求多样性创作，避免类同，强化作品的创意设计价值，使作品的表现更具有唯一及独特的商业价值。主题作为一种设计思想和风格定位，直接决定了设计作品的方向。

室内空间的主题是指设计作品所表现出来的思想意趣在审美表达等方面能打动人的基本特征风格。定位诚然是重要的，但在风格定位的前提下的主题更是设计个性突显的关键所在。所谓主题定位也叫主题思想，即设计作品中所蕴含的中心思想，是作品内容的主体和核心。它不是设计完成后加注的文字释义而是设计之初的筹划，始终贯穿于设计的全过程。主题是设计的灵魂，决定设计作品的高低、价值大小。

李明同

李明同

　　主题定位应是风格定位的细化和深入，光有风格但没主题的设计很容易留于表面设计而没有内涵可言，容易造成装饰材料运用过滥过多，直接造成装饰造价无谓的攀升。但主题定位究竟如何还得视具体情况而定。

李明同

运用意境想象来体现设计的主题定位。它有别于具象表现手法，并不是借助真实的物体元素来体现，而是运用抽象的手法和人的想象来完成。主题定位如何表现于设计中的方法没有截然的范围区分，可以相互渗透。

李明同

姚升升 导师 李明同

2. 传统元素在设计中的运用

　　文化是一个群体经过历史沉淀下来的独特内涵和审美情趣。近年来，中国元素在环境艺术设计中应用越来越广泛，特别是在北京奥运会之后，大量有中国特色的设计作品如雨后春笋般开始在设计界崭露头角，加深了中国元素在世界范围内的认可度。如何有效地运用中国传统元素来作设计，并将其与现代设计相结合，使之服务于现代人，成为设计研究者不可忽视的课题。

　　中国元素在传统文化背景下的视觉运用是一种意识形态，是形而上的，而在艺术设计中，我们对传统文化的运用实际是对这一形态进行物质化，以可视的形态，通过我们创造的思维以艺术作品的形式将其表现出来。中国元素有很多，从物质形态上来说，一般包括雕花纹饰、窗格门扇、中式家具、织绣、绘画、书法、印染、瓷器等表现符号，从意识形态上来说，它们是中国传统文化通过几千年的发展和演化而形成的独特的文化体系。

李明同

李明同

李明同

中国元素在设计中的运用方式具体有以下几种：

一、复制和仿制。把传统文化中的视觉形态，如色彩、造型及纹样，遵循原有文化韵律、节奏和秩序运用于设计之中。

二、对传统文化的变革和进化。对元素的提取、转化和抽象再构，是当今设计界常用的手法。设计师在丰富的传统文化中捕捉和发现美的元素，提取适当的材料成为自己的创作素材，同时将这些元素转化和抽象，根据形象的构成，结合现代构成意识完成对中国传统艺术重构。用现代的观念和审美情趣去重新阐释和发掘传统文化的精华，寻找东西方的结合点，再有效地与设计作品结合，形成有传统文化气息的设计作品。

三、透过文化元素表象寻求思想根源，从中华民族整体文化中寻求构思源泉，推陈出新。文化体系的形成对于中国传统室内设计以及人的审美情趣等有着根深蒂固的影响，特别是在不同时期的建筑及室内空间的设计表现中，我们很容易发现它们之间独特的关系。例如室内空间的形式多采用砖、石、木相结合来营造与其气质相符的功能布局，满足室内环境设计目的性和功能性的表达。但是，在元素的选择上，借用雕梁画栋、镂空菱花、古朴家居等内容对不同环境下的空间进行功能上的装点，使其在返璞归真的意境下创造合适的室内环境。

中国传统元素在几千年的发展历程中对室内设计的美学价值及设计理念的表现及应用发挥着重要作用，而对当代环境设计来说，应随时代和社会的发展，顺应人们在精神、物质文化生活水平方面的需求而向前发展。这就要求每一个设计师既要承载历史又要延续历史，善于将传统文化中的精华运用到设计中来，走出一条中国特色设计之路。

李明同

五、构意空间综合张力的体验

从"张力"的角度去思考构意空间综合张力，为空间设计供了一个全新的视点，也有助于拓展我们的创造性思维，并对设计创作的规律进行更深层次的理解和把握，使作品在视觉与心理上都能带来美的审视和情感的愉悦体验，使空间构形语言能够引起受众的情感共鸣。

1. 构意空间的张力

格式塔心理美学理论研究认为，张力就是一种具有倾向性的动力，是事物表现性的基础，是我们在知觉某种对象时所经验到的具有诸如扩张和收缩、冲突和一致、上升和降落、前进和后退等动力性质的知觉力。鲁道夫•阿恩海姆在《艺术与视知觉》中谈到，我们在不动的式样中所看到的"运动"或"倾向性张力"就是大脑在对知觉刺激进行组织时激起的生理活动的心理对应物。哥特式建筑中高耸的尖塔之所以让人有直入云霄的运动感，是因为它具挺拔有向上的动力倾向。这种无形的张力来源于客体本身的"物理张力结构"对主体产生刺激作用后，经由主体知觉组织建构，使上述的"物理张力"转化为主体心理力，从而引起心灵的震撼或刺激，给人奋发向上和积极奋勇的精神动力。

可见张力是一种力，也是一种运动，它不是单一方向的力，是多向的力，它是客体自身内力作用的不动之动，这种"不动之动"的力，事实上是知觉活动所感受到的一种力的结构，是一种生理力的心理对应物，它是一种来自主体人的心理张力。

李明同

2. 构意空间的张力因素

阿恩海姆说："一切知觉对象都应被看作是一种力的结构。"一切艺术形象统统都是"力的结构"。审美对于对象来说无疑是一种情感体验，而只有对象中所含有的那种"力"才能给主体以刺激，并产生情感体验，因此审美创造可视为一种力的创造，对美的欣赏可看作是一种力的欣赏，审美体验可看作是一种力的体验。可以这样认为，如果把空间作为一个动力系统和整体"力场"，那么空间作为一个知觉对象就是一种力的创造，空间作为一种知觉式样就是一种力的欣赏，而序列空间就是

一种力的体验。主要表现在以下几个方面：

对比空间的视觉张力

对比空间是指两个相邻的空间形成鲜明的对比，出现明显的差异，突出各自的空间形态特点，产生不同空间形态的力的结构式样，当人从其中一个空间进入另一个空间时会产生不同动力倾向的情感张力。如中国古典园林建筑所采用的"欲扬先抑"就是通过空间的对比与变化而产生的视觉张力体验。

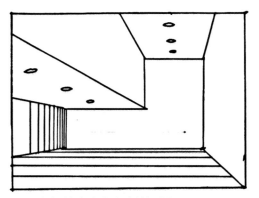

空间的高大与低矮的对比　　　　　　　　空间的开敞与封闭对比

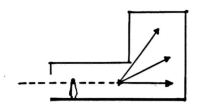
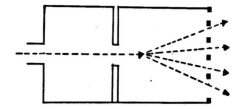

重复空间的视觉张力

    同一空间形式或者空间中的某一个元素，如果连续多次重复出现，就会在视觉上形成频闪，从而在心理上给人以运动感、节奏感和韵律感。产生重复空间的结构式样不一定要相同，也可以在重复的过程中伴随着个体元素的形状变化。

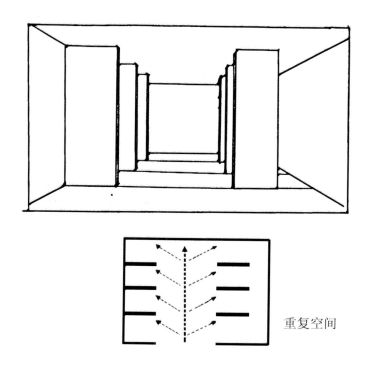

重复空间

过渡空间的视觉张力

过渡空间就是两个相邻的空间互相交融，交融的空间部分起到承前启后的作用，使两个空间形成自然的衔接，使人感到两个空间都不突兀。彭一刚老师在其著作《建筑空间组合论》里谈道："建筑物的内部空间总是和建筑外部自然界的空间保持着互相连通的关系，当人们从外界进入建筑物的内部空间时，为了不致产生过分突然的感觉，也有必要在内、外空间之间插进一个过渡性的空间——门廊，从而通过它把人很自然地由室外引入室内。"视觉对光环境的适应会形成明暗变化的平衡状态，从而给进入下一个空间环境进行了有力的铺垫，起到过渡的作用。

渗透空间的视觉张力

渗透空间就是分隔两个相邻空间的实体界面没有完全被限定，而是通过界面的一些开口设计，使两个空间能够互相对话、互相交流、互相共享以达到渗透的目的，从而丰富空间形态的变化。如中国古典园林建筑中"借景"、"漏景"等处理手法就是一种空间渗透范例。再如，安藤忠雄设计的光之教堂，混凝土墙面的十字裂缝透出的光芒，给人神秘和摄人心魄的视觉张力。这就是渗透空间所表现出的"借景"与"漏景"，以我个人认为可以理解为"借力"，这里的"力"指的是"空间式样"所产生的力的结构，这种力的结构可引起观者的心理力的体验。

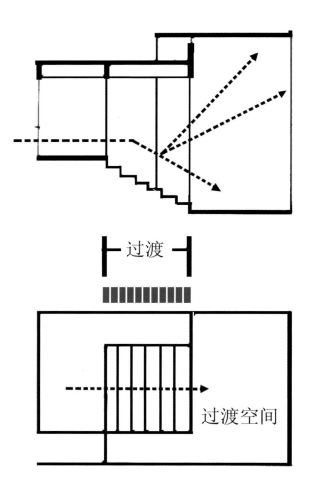

过渡

过渡空间

3. 序列空间的综合张力体验

　　建筑空间只有在运动中才能够看到它的全貌。运动是一个连续的过程，在从一个空间走到另一个空间的过程中，人们才能逐渐感受到各个部分的力的结构，感受到建筑的整体完形，从而形成建筑整体完形的综合力的印象。运动中的空间群体的张力不仅涉及空间变化的因素，同时还涉及时间变化的因素，这是四维的空间概念。彭一刚老师在建筑空间论谈道："组织空间序列的任务就是要把空间的排列和时间的先后这两种因素有机地统一起来。只有这样，才使人们不仅在静止的情况下能获得良好的观赏效果，而且在运动的情况下也能获得良好的观赏效果，特别是当沿着一定的路线看完全过程后，使人感到既协调一致又充满变化，从而留下完整、深刻的印象。"序列空间主要是通过人流路线组织起来的空间顺序，有系列的次空间，还有主空间，会产生不同的心理感受，就像一曲悦耳动听的交响乐在人的内心产生的震撼一样，有它的主旋律、次旋律，这种美的情感体验正是来自序列空间的"张力结构"，正如多声部乐曲中的部分声伴奏一样，如果各部分能够和谐一致，又能组合成一个整体的力构，就形成了一个综合力的结构模式。

根据人的情感体验，序列空间可以分为以下几个部分：空间的起始、空间的发展、空间的高潮、空间的尾声、空间的回味（有时候由于空间的复杂，空间的起始前面还有一个空间的前奏）。这五个部分统一起来就是一个序列空间整体的综合力构，实际上就是我们前面讲的对比空间、重复空间、过渡空间以及渗透空间的张力等一系列空间组合而成的空间集群。如，建筑空间主要表现在建筑的入口空间（空间的起始）室内外的对比——门厅、门廊（空间的发展）空间的过渡——空间的共享大厅（空间的高潮）主要空间——由大厅分流形成的流动的空间（空间的尾声）次要空间——出口空间（空间的回味）。其中，入口空间主要希望通过空间的妥善处理吸引人流进入室内，人流进入室内之后，一般需要经过一个或一系列相对次要的空间才能进入主体空间（空间的高潮），这一系列次要空间也是建筑师精心处理的高潮空间的铺垫，它使人们怀着期盼的心情。高潮空间是整个空间序列的重点，一般来说它的空间体量比较高大、用材比较考究，希望给人留下深刻的印象。在高潮空间后面，一般还需要设置一些次要空间，以使人的情

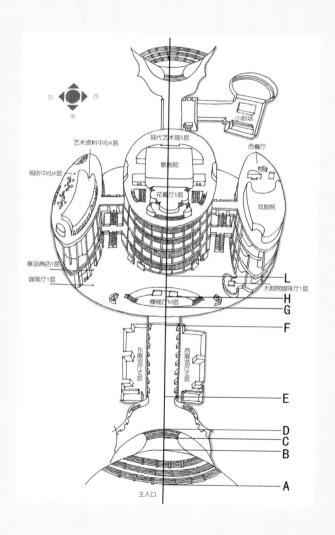

绪能逐渐回落（空间的尾声）。最后则是空间群的出口空间（空间回味），这个时候人通常要离开建筑空间，会产生浏览整个空间后的心情，这个"心情"实际上就是前面的不同空间的物理张力给主体人在生理上的刺激而产生的心理对应物——心理张力。空间的回味体现的不是个别空间的"心情"，而是序列空间的"整体心情"，这个整体心情就是序列空间的综合力的体验。

以国家大剧院为例。国家大剧院从北边主入口沿着一条主轴线纵深发展，基本上属于对称布局，由于国家大剧院内部空间变化多样，一层至顶层会伴随着空间不同的变化，有起始、发展、高潮、尾声、回味等空间，在这里不能一一列举，游览结束，细细回味国家大剧院建筑空间变化多异，高潮迭起，大剧院的内部空间犹如一场音乐盛典，这个静止的建筑像大海一样时而平静时而澎湃。建筑的外部造型与内部构造完美的结合，空间与空间互相对话，都统一在神秘、抽象的蛋形空间中，形成一个饱含着音乐旋律美的完形格式塔。正如保罗•安德鲁所说，"中国国家大剧院要表达的，就是内在的活力，是在外部宁静笼罩下的内部生机"。这是浏览整个空间以后产生的整体心情，这个整体心情就是一个完形的格式塔，是序列空间的综合力的体验。

构意空间是一种图形化的语言形式，是一种"力的结构"式样，也是多个空间体验的过程，蕴含了设计师的情感。所以在进行空间构意设计时，要根据空间的使用性质，选择合适的"力"的表现方法，不仅要考虑空间的有序组合，还要考虑怎样运用对比空间、渗透空间、重复空间、过渡空间以及序列空间的张力等方法进行具体的设计。当然一个构意空间的设计是一个综合性能的设计，是一个"完形"格式塔的设计，要考虑方方面面。可以这样讲，任何艺术作品，只要缺乏视觉张力、动感，即便是别的地方处理得很好，也很难引起观者的兴趣。这也正是当代设计师更为注重作品张力感的原因所在。

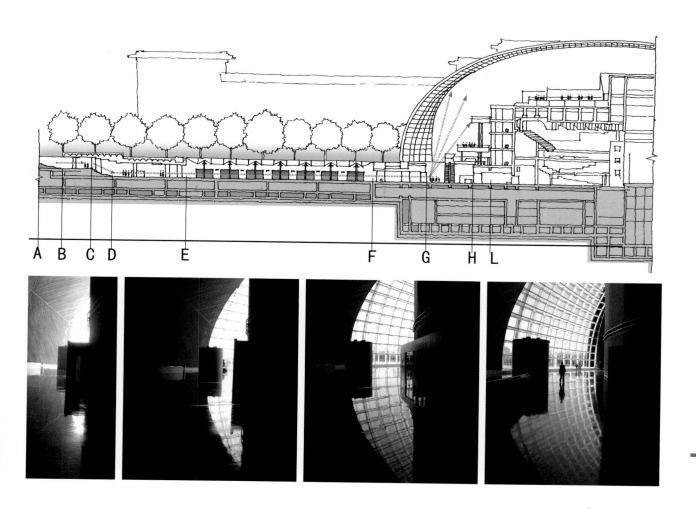

六、作品赏析

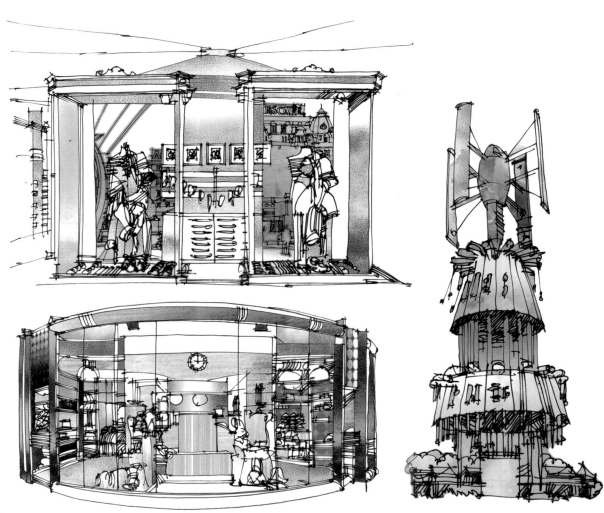

陈新生

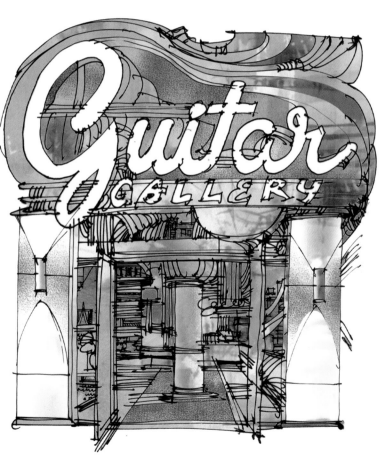

陈新生

耿庆雷

耿庆雷

耿庆雷

耿庆雷

耿庆雷

耿庆雷

耿庆雷

耿庆雷

耿庆雷

耿庆雷

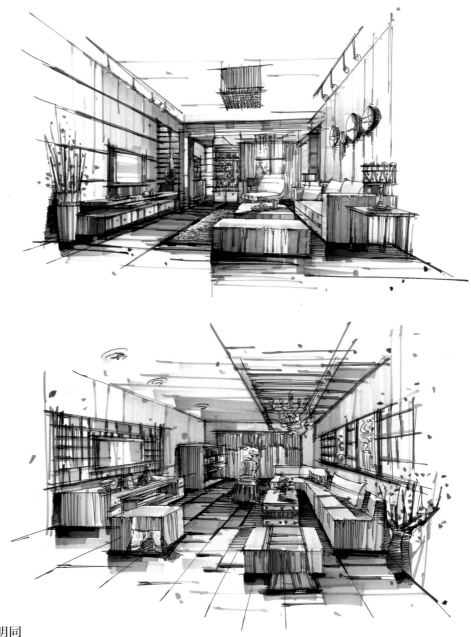

手绘课堂练习

作者：李圣君　导师：李明同

手绘课堂练习

作者：李圣君　　导师：李明同

李明同

李明同

李明同

李明同

李明同

李明同

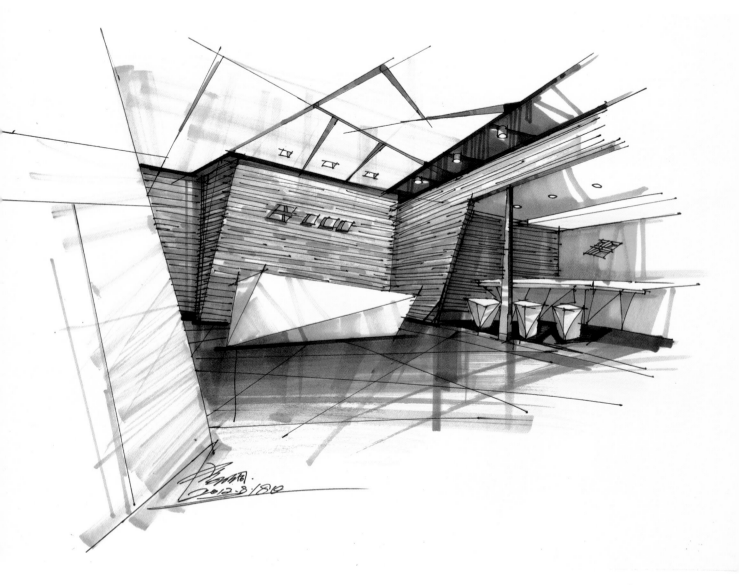

李明同

李明同

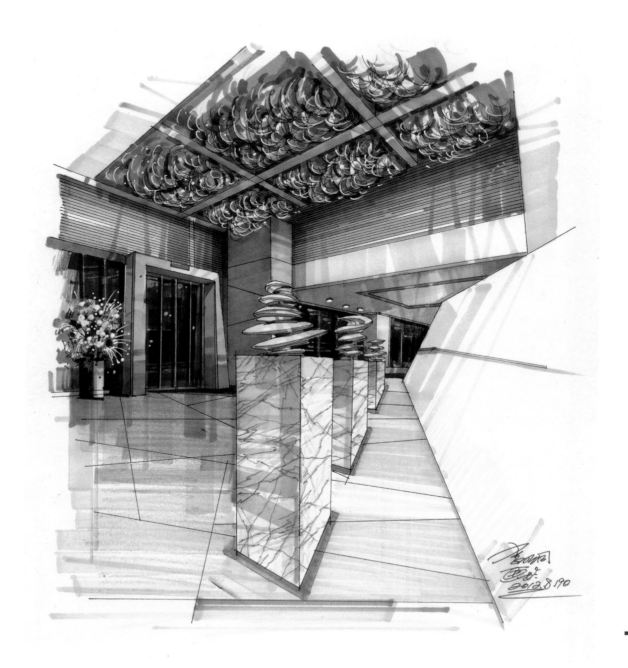

李明同

　　毕业于山东工艺美术学院、中国矿业大学艺术与设计学院,硕士研究生;现任教于烟台大学建筑学院,国际商业美术设计师协会山东分部专家委员会委员,中国建筑学会室内设计分会会员,中国室内装饰协会会员。

　　出版著作《当代美术家——李明同》《建筑风景钢笔速写技法与应用》《手绘·意建筑钢笔手绘表现技法》《景观设计手绘效果图》《园林景观摹本》等,发表论文二十余篇,发表作品一百多幅。

　　获奖情况:作品《荷韵》获1992年山东省美术作品三等奖;作品《残荷》获1998年山东省书画大赛金奖;《枯藤》获1998年山东省书画大赛铜奖;《建筑风景速写》获2008年中国手绘艺术设计大赛三等奖;《山西民居系列》获2009年中国手绘艺术设计大赛二等奖;《陕西民居系列》获2011年中国手绘艺术设计大赛一等奖;《斯里兰卡城市街景》获2012年中国手绘艺术设计大赛一等奖;《雪中情咖啡吧》获2011年国际大众艺术节山东艺术设计大赛金奖;《冬》获2013年山东省教育厅举办的教师基本功大赛三等奖。

杨明

　　毕业于山东轻工业学院环境艺术设计专业,硕士研究生;现任教于烟台大学建筑学院,中国建筑学会室内设计分会会员,中国室内装饰协会会员。

　　出版著作《建筑风景钢笔速写技法与应用》《手绘·意建筑钢笔手绘表现技法》《景观设计手绘效果图》《园林景观摹本》,发表论文十多篇。

　　获奖情况:作品《雪之巢咖啡吧》获2008年中国"尚高杯"室内设计大奖赛佳作奖;《雪中情咖啡吧》获2011年国际大众艺术节山东艺术设计大赛金奖;《斯里兰卡城市街景》获2012年中国手绘艺术设计大赛一等奖;《石头桥乌镇》获2012年中国手绘艺术设计大赛优秀奖;《婺源小镇李坑》获2012年中国手绘艺术设计大赛优秀奖;《陕西民居系列》获2013年山东省教育厅举办的教师基本功大赛一等奖。